I0071330

NOTICE HISTORIQUE,

EN FORME DE

LETTRE,

SUR

LE THÉORÈME DE PYTHAGORE;

PAR A.-J.-H. VINCENT,

De l'Institut national.

BIBLIOTHÈQUE IMPÉRIALE IMPR.

DON 12,452

LETTRE SUR LE THÉORÈME DE PYTHAGORE.

(Extrait des *Nouvelles Annales de Mathématiques*, tome XI.)

Monsieur le rédacteur,

Vous m'avez fait l'honneur de me demander, en faveur de vos jeunes lecteurs, un aperçu historique sur ce fameux théorème portant le nom de Pythagore (*), qui consiste en ce que *Le carré construit sur l'hypoténuse d'un triangle rectangle est équivalent à la somme des carrés construits sur les deux autres côtés.*

Plusieurs auteurs modernes ont traité cette ques-

(*) Le plus illustre et le plus ancien des philosophes de la Grèce : il vivait vers le milieu du vɪᵉ siècle avant J.-C.

Pour satisfaire à votre demande, je vous proposerai l'étymologie suivante du nom de *Pythagore*. Πυθαγόρας peut se déduire : 1° du mot Πύθων, *Python*, nom du serpent combattu et tué par Apollon, d'où l'adjectif générique πύθιος, puis le surnom Πύθιος, *Pythien*, donné à Apollon, et enfin Πυθώ, *Delphes*, ville consacrée à Apollon Pythien au nom duquel s'y rendaient, comme on le sait, des oracles célèbres dans toute la Grèce ; 2° du mot ἀγορεύω,, *haranguer, parler en public*, d'où le dérivé verbal ἀγόρας qui, toutefois, n'existe point isolément, et dont le sens serait celui d'*orateur*, d'homme *qui parle en public.*

Ainsi, par analogie avec Εὐαγόρας, *qui parle bien*, Πυυταγόρας, *qui parle sagement*, et d'autres noms analogues, de même que Χρησμηγόρης (forme poétique et ionienne), pour Χρησμαγόρας, signifie *celui qui prononce des oracles*, ou *qui parle comme l'oracle*, de même Πυθαγόρας peut, à la rigueur, s'interpréter : *celui qui parle comme Apollon Pythien* ou *au nom d'Apollon Pythien, le Verbe, la Voix d'Apollon Pythien.*

On interpréterait d'une manière analogue les noms Ἀθηναγόρας, Διαγόρας, Ἑρμαγόρας, etc., où figurent, au lieu du surnom d'Apollon, les noms de Minerve, de Jupiter, de Mercure, etc. (Conf. LETRONNE, Mémoire sur les noms propres grecs, *Académie des Inscriptions et Belles-Lettres*, tome XIX ɪʳᵉ partie.)

Observons d'ailleurs, comme confirmation partielle, que suivant Mal

V.

tion (*); et je n'aurai, pour vous satisfaire, que bien peu de chose à ajouter à leurs récits.

Commençons par le dire : il y a beaucoup d'exagération dans la manière dont on raconte les détails merveilleux de cette célèbre découverte : et la part qui en revient à l'illustre philosophe, si l'on s'en rapporte aux témoignages les plus dignes de foi, doit sans aucun doute être de beaucoup réduite.

Clavius, géomètre du commencement du XVIIe siècle (*Euclidis elementorum libri* XV, etc. *Francofurti*, 1607), me paraît s'être fait une idée assez juste à cet égard ; et je commencerai, pour fixer les idées, par rapporter ses propres paroles, ou du moins une traduction, aussi exacte qu'il m'est possible de la faire, du passage qui exprime son opinion : « L'invention, dit-il, de ce beau, » de cet admirable théorème, est attribuée à Pythagore,

---

chus ou Porphyre (*Vie de Pythagore,* chap. II, p. 5; Amsterdam, 1707), lequel invoque lui-même le témoignage d'un certain Apollonius (Apollonius de Tyane si l'on s'en rapportait à Suidas, mais ceci n'est rien moins que certain) : suivant Malchus donc, la mère de Pythagore se nommait Pythaïs, et son père naturel était Apollon lui-même, bien qu'il eût Mnésarque pour père putatif.

(*) *Voyez* principalement *E.-H. Stöber :* Dissertatio mathematica de theoremate pythagorico; Argentor., 1743. — *Voyez* encore *F.-Chr. Jetze :* Diss. inaug. philos. mathematica sistens theor. Pythagorici demonstr. plures; Halæ-Magd., 1752. — *J.-W. Müller :* System. zusammenstell. der wichtigen bisher bekannten Beweise des Pythag. Lehrsatzes; Nürnberg, 1819. — *J.-J.-I. Hoffmann :* Der Pythagor. Lehrs. mit 32 theils bekannten, theils neuen Beweisen; Mainz, 1821.

Au reste, ces trois derniers auteurs s'occupent presque exclusivement de démontrer le théorème par divers moyens, à l'exception toutefois de Müller, qui traite succinctement de l'historique en suivant Stoëber. Quant aux démonstrations diverses, celui-ci en donne quinze, Jetze vingt-trois, Müller dix-huit, sans compter les cas particuliers, les généralisations, remarques, etc., et Hoffmann trente-cinq, en comptant trois démonstrations postérieurement ajoutées. On peut voir encore *J.-G. Camerer :* Euclidis Elem. libri 6 priores, gr. et lat.; Berlin, 1824. On y trouvera, tome I, page 443, plusieurs démonstrations non comprises dans les précédentes.

» qui, comme l'écrit Vitruve (*) au IXe livre de son
» *Architecture*, offrit un sacrifice aux Muses en recon-
» naissance de la brillante découverte qu'elles lui avaient
» inspirée. Quelques auteurs pensent qu'il immola
» cent bœufs (**); mais, s'il faut s'en rapporter à Pro-
» clus (***), c'est un bœuf seulement qu'il offrit. Or,
» probablement, comme on le croit, ce fut l'étude des
» nombres qui conduisit Pythagore à la découverte de son
» théorème. C'est-à-dire qu'ayant considéré avec une pro-
» fonde attention les propriétés des nombres 3, 4, 5, et
» ayant observé que le carré numérique du plus grand
» d'entre eux était égal aux carrés (****) numériques des
» deux autres, il forma un triangle scalène dont le plus
» grand côté était divisé en cinq parties égales, le plus petit
» en trois parties égales aux premières, et, enfin, le côté
» moyen en quatre des mêmes parties. Puis, cela fait, il
» examina l'angle compris entre ces deux derniers côtés,
» et reconnut que c'était un angle droit. Il remarqua la
» même propriété dans beaucoup d'autres nombres,
» comme 6, 8, 10; 9, 12, 15; etc. C'est pourquoi il
» jugea convenable de rechercher si, dans tout triangle
» rectangle, le carré du côté opposé à l'angle droit ne
» serait pas égal aux carrés des deux autres côtés, de la
» même manière que tous les triangles dont les côtés

(*) Vitruve vivait au commencement de notre ère.

(**) C'est pourquoi le théorème était anciennement connu sous le nom d'*hécatombe*, ou de *théorème des cent bœufs*. On l'a appelé aussi le *maître de la mathématique*, et enfin, plus simplement et par excellence, le *théorème de Pythagore*.

(***) Philosophe et commentateur, vivait au milieu du ve siècle de notre ère. Il a fait (en grec), sur les Éléments d'Euclide, quatre livres de commentaires qui ont été traduits en latin par Barocci (Padoue, 1560).

(****) C'est-à-dire *à la somme des carrés*. Cet e inexactitude de langage est fréquente chez les Anciens. Que la remarque en soit faite ici une fois pour toutes.

» étaient entre eux comme les nombres susdits, présen-
» taient un angle droit. Et c'est ainsi qu'à force de re-
» cherches, il parvint, avec une satisfaction indicible,
» à cet admirable théorème, dont il démontra ensuite la
» vérité par des raisonnements inattaquables. Cependant
» Euclide (*) (liv. VI, prop. 31) donna à cette même
» propriété une extension prodigieuse, en faisant voir
» qu'elle appartenait également à des figures semblables
» quelconques, etc. ».

Quant au passage de Vitruve, mentionné par Clavius,
en voici également la traduction en ce qui regarde la
partie historique, la seule qui nous intéresse en ce mo-
ment :

« Pythagore, dit cet auteur, a fait connaître une ma-
» nière de tracer l'angle droit sans employer l'équerre
» des ouvriers; et cet instrument, que les artistes les
» plus habiles parviennent à peine à construire exacte-
» ment, le philosophe, par ses procédés de démonstra-
» tion, nous explique une méthode pour le tracer dans
» la perfection. Cette méthode consiste à prendre trois
» règles, l'une de trois pieds, une autre de quatre, et la
» troisième de cinq, etc. ».

Vitruve énonce ici les propriétés des aires carrées construites sur les trois côtés du triangle rectangle formé par

----

(*) Célèbre géomètre de la fin du IV⁰ siècle avant J.-C., auteur des
Éléments de Géométrie qui forment la base de l'enseignement de cette
science dans toutes les écoles. Proclus, dans son commentaire cité plus
haut (page 7), énumère (à la page 19), à partir de Thalès, non pas treize
auteurs d'Éléments qui auraient précédé Euclide, comme Delambre le dit
à tort dans une note surajoutée à l'article que Daunou a consacré à Proclus dans la *Biographie universelle de Michaud*, mais bien vingt-deux auteurs qui avaient écrit sur la géométrie et sur son histoire. Plusieurs
parmi eux rédigèrent des Éléments : Hippocrate de Chio, inventeur de
la quadrature des *Lunules* qui portent son nom, fut le premier de tous
(V⁰ siècle avant J.-C.); vient ensuite Léon, maître de Néoclide, Theudius
de Magnésie, et peut-être encore d'autres.

les trois règles ; et il termine en disant que « Pythagore,
» ne doutant pas que sa découverte ne fût une inspira-
» tion des Muses, leur offrit les plus grandes actions de
» grâces, et même, à ce que l'on dit, leur sacrifia des
» victimes ».

Telles sont les paroles de Vitruve. Mais allons plus
loin, et voyons ce que d'autres auteurs disent de cette découverte de Pythagore, ainsi que de diverses autres in-
ventions également attribuées à l'illustre philosophe.
Voici la version de Plutarque (qui vivait un siècle après
Vitruve), dans le livre où il établit *Que l'on ne saurait
vivre heureux en suivant la doctrine d'Épicure* : « Pytha-
» gore, dit-il, sacrifia un bœuf au sujet d'une figure de
» géométrie, comme le dit Apollodote :

> « Pythagoras, après qu'il eut trouvé
> » Le noble écrit pour lequel bien prouvé,
> » Il fit d'un bœuf solennel sacrifice,... (*)

» soit qu'il s'agisse de la proposition suivant laquelle la
» puissance (**) de l'hypoténuse est égale à celles des
» côtés de l'angle droit, soit du problème relatif à *l'aire
» de la parabole* (***) ».

On voit ici mentionnée, sous le nom de Pythagore,
la quadrature de la parabole. Diogène de Laërte, venu un
siècle après Plutarque, en répétant l'épigramme (****)
d'Apollodote, qu'il nomme Apollodore, ne fait point

(*) Trad. d'Amyot. — Voici la traduction latine que l'on a faite du
distique grec :

Pythagoras celebri diagrammate quando reperto
Mactato fecit splendida sacra bove.....

(**) Le mot δύναμις, *puissance*, signifie ici *le carré*.

(***) Pour le sens de ce mot, *voyez* Proclus, dans son *Commentaire* sur
le 1ᵉʳ livre d'Euclide, l. IV, p. 109, scholie sur la prop. 44.

(****) En langage moderne, *épigramme* ne signifie pas autre chose
qu'*inscription*.

mention de la parabole : « Apollodore le *logisticien* »,
dit-il (*Vie de Pythagore,* VIII, 12), « rapporte qu'il
» sacrifia une hécatombe après avoir trouvé que l'hypo-
» ténuse du triangle rectangle a la même puissance que
» les deux autres côtés; et, à ce sujet, il cite cette
» épigramme : Pythagore, etc., » [à peu de chose près
dans les mêmes termes (*)].

Athénée, contemporain de Diogène de Laërte, répète
à peu près les paroles de cet auteur, tant pour le récit
que pour l'épigramme. Notons pourtant en passant, que
le titre d'*arithméticien*, ἀριθμητικός, donné à Apollodore
dans le récit d'Athénée (éd. Casaubon, p. 418), y
remplace celui de *logisticien*, λογιστικός (**), employé par
Diogène. Or, dans le langage de Platon (***) (*voir* le
Gorgias), la *logistique*, science des rapports, diffère es-
sentiellement de l'*arithmétique*, science des nombres
effectifs. Au surplus, ceci est sans aucune importance
pour la question qui nous occupe; mais ce qui mérite
attention, c'est que le même Diogène de Laërte rapporte
d'après Pamphile (****), que Thalès de Milet (*****),
« après avoir appris la géométrie chez les Égyptiens, fut
» le premier qui démontra l'inscription du triangle rec-
» tangle dans le demi-cercle, et qu'à cette occasion il
» sacrifia un bœuf; mais qu'au reste, d'autres auteurs,

(*) *Voyez* encore l'*Anthologie des épigrammes grecques,* liv. I.
(**) Signalons encore l'expression ἡ ὑποτείνουσα (πλευρὰ) τὴν ὀρθὴν
γωνίαν, l'*hypoténuse de l'angle droit,* c'est-à-dire le *côté qui sous-tend*
l'*angle droit;* mais, en général, ces variantes n'intéressent que les hellé-
nistes de profession.
(***) Florissait du IVe au Ve siècle avant notre ère.
(****) Femme célèbre qui florissait sous Néron.
(*****) Le plus ancien des mathématiciens grecs, philosophe et astro-
nome; il vivait au commencement du VIe siècle avant notre ère. C'est lui,
dit Proclus dans son Commentaire (page 19), qui enseigna aux Grecs la
géométrie dont il avait acquis la connaissance en visitant l'Égypte.

» au nombre desquels on compte Apollodore le logisti-
» cien, attribuent le même fait à Pythagore ».

Il y a trop d'analogie entre les deux questions dont il
s'agit ici, ainsi qu'entre les deux faits attribués à Pythagore par Diogène de Laërte parlant d'après Apollodore,
pour qu'une confusion entre ces deux faits, très-distincts
malgré leur analogie apparente, ne soit pas extrêmement
à craindre. Mais, par compensation, nous pouvons citer
à la gloire de Pythagore, une troisième découverte géo-
métrique, « certainement bien plus élégante, γλαφυρότερον,
» et bien plus digne des Muses, μουσικότερον, » comme le
dit Plutarque en la rapportant (Propos de table, liv. VIII,
q. 2), que celle du théorème relatif au carré de l'hypoténuse : « c'est le théorème ou plutôt le problème dans
» lequel, étant données deux figures, on se propose d'en
» construire une troisième qui soit semblable à l'une des
» figures données, et équivalente à la seconde, question
» pour laquelle on dit aussi que Pythagore offrit un
» sacrifice (*). »

Mais, pour en revenir au théorème primitif qui forme
ici tout notre objet, nous voyons que le témoignage le plus
ancien, celui de Vitruve, ne mentionne comme apparte-
nant à Pythagore, que la découverte du triangle construit
sur les côtés 3, 4, 5, triangle qui resta célèbre dans
toute l'antiquité, à l'exclusion de tout autre, pour ses

(*) V. Euclide, liv. VI, prop. 25. — Proclus, au commencement du
IIe liv. de son Commentaire (p. 19), dit généralement que Pythagore rat-
tacha la géométrie à la philosophie, et en fit une science libérale qui, dès
lors, fut introduite dans l'éducation. « Il voyait, dit-il, les choses de
» haut, remontait aux principes, et considérait les théorèmes d'une ma-
» nière abstraite et dégagée de toute idée matérielle. Ainsi il établit la
» théorie des quantités *incommensurables* et celle des *figures cosmiques* »
(polyèdres réguliers). Enfin le même Proclus, d'après Eudème le péripa-
téticien (fin du IVe siècle avant J.-C.), attribue encore à Pythagore (p. 99,
ou du moins à son école, la découverte de la trente-deuxième proposition
du Ier livre d'Euclide, savoir, que *La somme des trois angles d'un triangle
est égale à deux angles droits.*

V.

propriétés remarquables et le caractère en quelque sorte
sacré qu'on lui attribua. Ainsi, outre la propriété, commune à tous les triangles rectangles, relative aux carrés
de ses côtés, son aire est égale à 6 ; et le cube de cette aire
est égal à la somme des cubes de ses trois côtés (*). Aussi
est-ce à lui que Platon, au VIIIe livre de la *République*,
fait allusion lorsqu'il cite le triangle dans lequel le rapport *épitrite*, c'est-à-dire le rapport du *quaternaire* au
ternaire, est relié par le *quinaire* : ἐπίτριτος πυθμὴν πεντάδι
συζυγείς. Et il faut voir avec quelle complaisance le prince
des philosophes développe les propriétés et les rapports
mutuels de ces nombres 3, 4, 5, 6, lorsque dans son ar-
deur, plus poétique que philosophique, il va jusqu'à leur
attribuer une influence fatale sur la destinée des em-
pires. Il faut voir encore avec quel sérieux, Aristote (**),
cet esprit si positif, entreprend (*Polit.*, liv. V, chap. 12)
et poursuit comme une œuvre de la plus haute gravité,
la réfutation des rêveries mystiques de son maître. Il faut
voir enfin Aristide Quintilien (***) (*de la Musique,* l. III,
p. 151), Plutarque en divers endroits (*Traité d'Isis et
d'Osiris,* ch. 29 ; *de la Cessation des Oracles,* ch. 24), et
bien d'autres auteurs, célébrer ses perfections, le regarder comme le plus beau des triangles, en un mot
le considérer comme le triangle rectangle par excellence (****).

Mais nous possédons un renseignement dont il ne paraît
pas que l'on ait encore fait usage dans la question historique que nous cherchons à éclaircir ici, et qui me
semble pourtant avoir pour sa complète élucidation, une

(*) *V.* Stoëber, p. 27 ; et *Comptes rendus de l'Académie des Sciences,*
25 janvier 1841, p. 211.

(**) Disciple de Platon et chef de l'école péripatéticienne : fin du IVe siècle
avant notre ère.

(***) Musicographe grec : vers la fin du Ier siècle de notre ère.

(****) Néanmoins, dans le *Timée,* c'est le triangle rectangle isoscèle
que Platon exalte au-dessus de tous les autres.

importance décisive. C'est le commentaire de Proclus sur la 47ᵉ proposition du Iᵉʳ livre des Éléments d'Euclide, ayant pour objet précisément le théorème dont il s'agit, mais considéré dans toute sa généralité. Il est vrai que Proclus, qui florissait vers le milieu du vᵉ siècle de notre ère, est déjà lui-même fort éloigné du fait qui nous occupe ; mais comme nous le sommes nous-mêmes encore bien davantage, il est incontestable qu'à son époque, les renseignements devaient être bien plus nombreux et plus sûrs qu'ils ne peuvent l'être aujourd'hui. Or voici comment s'exprime Proclus dans le commentaire cité :

« Lorsqu'on entend parler de ce théorème, dit-il, il » n'est pas rare de rencontrer des gens qui, voulant mon- » trer leur science en antiquité, le font remonter à Py- » thagore, et vous parlent du sacrifice que ce philosophe » offrit pour sa découverte. Quant à moi, après avoir » rendu *aux premiers sages qui en ont reconnu la vérité*, » tout l'honneur qu'ils méritent, je n'hésite pas à dire » que je professe une admiration beaucoup plus grande » envers l'auteur de ces Éléments, non-seulement pour » y avoir attaché une démonstration de la dernière évi- » dence, mais encore pour en avoir fait ressortir, en le » soumettant à l'irrésistible puissance de sa savante ana- » lyse, un autre théorème beaucoup plus général : c'est » celui du VIᵉ livre (pr. 31) où il démontre générale- » ment que : *Dans les triangles rectangles, toute figure* » *tracée sur l'hypoténuse est égale à la somme des* » *figures tracées sur les deux autres côtés, pourvu* » *qu'elles soient semblables à la première et sembla-* » *blement disposées.*—Observons, en effet, que tous les » carrés sont semblables entre eux, mais que toutes les » figures rectilignes semblables entre elles ne sont pas » des carrés : car il y a une similitude propre aux trian- » gles et à tous les autres polygones. Mais dès qu'il est

» démontré que la figure construite sur l'hypoténuse,
» soit carrée, soit de toute autre forme, est égale aux
» figures semblables et semblablement construites sur les
» autres côtés, il en résulte par cela même une démons-
» tration plus générale et plus scientifique pour le seul
» carré. On voit en même temps la raison de la généralité
» de la proposition démontrée : c'est que la rectitude de
» l'angle entraîne l'égalité de la figure construite sur
» l'hypoténuse, par rapport à toutes les figures sem-
» blables, semblablement construites sur les deux autres
» côtés, de même qu'une plus grande ouverture de l'angle,
» quand il est obtus, entraîne la supériorité de la pre-
» mière figure, et qu'une plus petite ouverture de l'angle,
» quand il est aigu, entraîne l'infériorité. Mais il ne s'agit
» pas de savoir comment se démontre le théorème du
» VIe livre ; c'est ce que l'on verra en son lieu. Quant à
» présent, bornons-nous à examiner comment la propo-
» sition actuelle peut être vraie, sans davantage nous
» occuper de généraliser, puisque nous n'avons encore
» rien enseigné sur la similitude des figures planes, ni
» rien démontré entièrement sur les analogies (propor-
» tions). Au reste, beaucoup de questions que nous
» avons ainsi traitées partiellement, ont pu être géné-
» ralisées par la même méthode, tandis que l'auteur des
» Éléments les démontre par la théorie commune des
» parallélogrammes.

» Comme il y a deux sortes de triangles rectangles, sa-
» voir, des triangles isoscèles et des triangles scalènes, par-
» lons d'abord des premiers. Mais il est impossible, dans
» ces sortes de triangles, de trouver des nombres entiers
» qui s'accordent avec les côtés : car il n'y a point de nombre
» carré qui soit double d'un autre nombre carré, à moins
» qu'on ne veuille dire que c'est à une unité près, comme
» le carré de 7, qui est le double du carré de 5, diminué

» d'*un*. Dans les triangles scalènes au contraire, il est
» possible de trouver des nombres convenables : car nous
» avons démontré avec évidence que le carré de l'hypo-
» ténuse est égal à la somme des carrés des côtés qui
» comprennent l'angle droit ; et nous avons un exemple
» d'un pareil triangle dans le *Traité de la République,*
» où les deux côtés de l'angle droit étant 3 et 4, l'hypo-
» ténuse vaut 5. En effet, le carré de 5 est 25, nombre
» égal à la somme des nombres 9, carré de 3, et 16, carré
» de 4. Ainsi la question considérée dans les nombres
» est suffisamment éclaircie. Or, la tradition nous a con-
» servé certaines méthodes pour trouver de pareils trian-
» gles ; l'une d'elles est attribuée à Platon, une autre à
» Pythagore. Dans celle-ci, on commence par prendre
» un nombre impair pour représenter le petit côté de
» l'angle droit ; on l'élève au carré ; en retranchant une
» unité et prenant la moitié, on a pour résultat le plus
» grand des deux côtés de l'angle droit ; au contraire, en
» ajoutant une unité au carré et prenant la moitié, on a
» l'hypoténuse. Ainsi je prends le nombre 3 ; j'en forme
» le carré, j'ai 9 ; je retranche 1, j'ai 8 ; je prends la
» moitié, j'ai 4 : c'est le grand côté de l'angle droit. Je
» reprends le carré 9 et j'ajoute 1, j'ai 10 ; je prends la
» moitié, j'ai 5 : c'est l'hypoténuse ; et j'ai un triangle
» rectangle formé des côtés 3, 4, 5.

» Dans la méthode de Platon, on commence par des
» nombres pairs. Prenant donc le nombre pair donné,
» on le pose comme l'un des côtés de l'angle droit, puis
» on le divise par 2 et l'on forme le carré de la moitié ;
» en ajoutant une unité, on a l'hypoténuse ; au con-
» traire, en retranchant une unité, on a le second côté
» de l'angle droit. Ainsi je prends le nombre 4 ; je le
» divise par 2, et je forme le carré, ce qui reproduit le
» même nombre 4. Retranchant une unité, j'ai 3 ; l'a-

» joutant au contraire, j'ai 5; et je retrouve ainsi
» le même triangle déjà obtenu par la première mé-
» thode. En effet, c'est la même chose de commencer
» par 3 ou par 4; mais ceci est étranger à la question (*).

» Quant à la démonstration de l'auteur (la démonstra-
» tion d'Euclide), comme elle est très-claire, je pense
» qu'il serait superflu d'y rien ajouter, et que l'on peut
» se contenter de ce qui est écrit : car toutes les fois que
» l'on a voulu ajouter quelque chose, comme on le voit
» dans Héron (**) et dans Pappus (***), on a été obligé
» de recourir aux démonstrations du VI* livre, et cela
» sans aucune nécessité. Passons donc à ce qui suit. »
(Suit le commentaire sur la proposition réciproque.)

Quoique ce long commentaire contienne beaucoup de
détails étrangers à la question actuelle, j'ai cru devoir le
citer en entier, saisissant cette occasion de donner ainsi
aux lecteurs une idée de la manière de Proclus. Mais il
présente aussi certaines circonstances qui me paraissent
résoudre le débat dans le sens de Clavius. On y voit, en
effet, dès le début, que Proclus est loin de regarder Pythagore comme étant exclusivement l'auteur de la découverte dont il s'agit, et surtout comme ayant établi la
proposition qui en est l'objet, avec le degré de généralité
qu'elle a dans Euclide; car, bien que ce soit principalement en vue du théorème du VIᵉ livre, que cet auteur est

---

(*) Nous engageons les élèves à réduire en formules algébriques les
procédés de Pythagore et de Platon.

(**) Héron d'Alexandrie, célèbre géomètre du commencement du
IIᵉ siècle avant J.–C., s'est occupé surtout de la Géométrie pratique. On
distingue plusieurs géomètres de ce nom.

(***) Autre géomètre célèbre, de la fin du IVᵉ siècle de notre ère. Il a
composé, en grec, huit livres de Collections mathématiques dont une
grande partie nous est parvenue, mais est encore inédite; la traduction
latine de cette partie, par Commandin (Bologne, 1660), a seule été pu-
bliée intégralement.

loué et admiré par son commentateur, il n'en est pas
moins évident que celui-ci ne se serait pas exprimé
comme il l'a fait, si seulement il avait cru pouvoir attribuer à Pythagore l'équivalent de la 47ᵉ proposition du
Iᵉʳ livre d'Euclide. Mais ce n'est pas tout : on voit ici
que Pythagore s'est occupé de la décomposition d'un nombre carré en deux autres nombres carrés, et qu'il a donné
un procédé (procédé *très-particulier*) pour trouver des
nombres satisfaisant à une semblable relation. En y réflé-
chissant un peu, n'est-on pas naturellement conduit à
supposer que Pythagore, après avoir reconnu les propriétés remarquables d'un premier triangle rectangle,
aura voulu, pour essayer la généralité du résultat qu'il
avait obtenu, varier les exemples de triangles qui eussent
entre eux les mêmes relations que les nombres obtenus
par le procédé qu'il prescrit, afin de s'assurer *empirique-
ment* que tous ces triangles étaient également rectangles? Ce procédé n'est-il pas, je le demande, aussi con-
forme à la marche de la science, qu'il l'est à l'opinion
de Clavius? Mais il est bien difficile de croire que,
n'ayant pas trouvé de formule plus générale pour la décomposition des carrés, Pythagore pût avoir acquis la
conviction mathématique de la vérité du théorème de
géométrie dont il est question.

Quoi qu'il en soit, la discussion à laquelle nous venons
de nous livrer semble devoir assurer à Euclide l'honneur
d'avoir donné la première démonstration générale et complète de la proposition relative au carré de l'hypoténuse;
et elle nous montre, par un exemple remarquable, comment les ténèbres que le temps amoncelle autour des faits,
en viennent à nous les faire apercevoir sous un aspect et
une couleur qui rendent la vérité entièrement méconn-
naissable. Et ce n'est pas seulement sur le théorème lui-
même qu'une pareille altération s'est produite ici : on
peut voir que la même réaction a eu lieu à l'égard de

cette tradition d'un pompeux sacrifice offert aux dieux, tradition restée définitivement attachée au récit de la découverte qui est censée en avoir été l'occasion. En effet, suivant le récit de Diogène de Laërte, ce sacrifice ne fut pas moindre qu'une hécatombe; mais, d'après Plutarque, plus ancien d'un siècle que Diogène de Laërte, nous devons réduire l'offrande à un seul bœuf; et enfin, dans d'autres récits plus circonspects encore, on ne voit plus employer que les expressions βουθυσία, βουθυτεῖν, ou simplement θῦσαι, qui, en définitive, en vertu d'une catachrèse, ne signifient absolument plus qu'un sacrifice quelconque. Et en effet, « comment veut-on », dit Cicéron (*de la Nature des Dieux*, liv. III), « me faire accroire que
» Pythagore eût pu sacrifier un bœuf en l'honneur des
» Muses, lorsqu'il est constant, au contraire, qu'il refusa
» d'immoler une victime sur l'autel d'Apollon Délien,
» voulant éviter ainsi de répandre le sang »?

Cette incrédulité de l'orateur romain, Suidas (*) la justifie en ces termes : « Pythagore (**), dit-il, défendit
» d'immoler aux dieux des victimes sanglantes : on ne
» devait se prosterner que devant un autel immaculé ».

Au milieu de ces contradictions, nous trouvons cependant un moyen de concilier les témoignages; et ce moyen, c'est Porphyre (***) (ou Malchus, *Vie de Pythagore*, ch. 36) qui vient nous l'offrir; écoutons cet auteur : « Les sacrifices qu'il offrait aux dieux, dit Porphyre,
» n'avaient rien de cruel. Pour apaiser les dieux, il
» offrait des pains, des gâteaux, de l'encens, de la
» myrrhe, mais jamais d'animaux...... Les auteurs les
» plus dignes de foi disent qu'il offrit un bœuf de pâte
» de froment après avoir découvert que la puissance de

(*) Grammairien et compilateur, de la fin du xᵉ siècle de notre ère.
(**) *V.* ce mot dans Suidas.
(***) Il vivait dans la dernière moitié du iiiᵉ siècle de notre ère.

» l'hypoténuse du triangle rectangle était égale à celles
» des deux autres côtés ».

Au reste, ce genre d'offrande ou de sacrifice était d'un
usage très-commun dans l'antiquité, principalement chez
les pythagoriciens. Ainsi, au rapport d'Athénée (*Banquet
des Sages*, liv. I, § 3), « Empédocle d'Agrigente (*), vain-
» queur aux jeux olympiques dans la course des chevaux,
» devant, en sa qualité de pythagoricien, s'abstenir de
» toute nourriture animale, fit préparer un bœuf factice
» assaisonné de myrrhe, d'encens et d'autres parfums
» précieux, et le fit distribuer à la foule, assemblée de
» tous les points de la Grèce pour assister au concours ».

Philostrate (**) [dans la *Vie d'Apollonius* (***), l. I,
ch. 1er], et, d'après lui, Suidas, parlent dans le même
sens : « Le bœuf de pâte qu'il fit, à ce que l'on dit, dis-
» tribuer à Olympie sous forme de gâteaux, prouve
» bien qu'il était de la secte de Pythagore (****) ».

Ainsi, en résumé, on voit que cette fameuse hécatombe, sur laquelle on a fait tant de commentaires, se
réduit à un bœuf.... de pain d'épice.

Agréez, monsieur le rédacteur, etc.,

A.-J.-H. VINCENT.

P. S. — Je crois devoir ajouter ici une Note relative
à la décomposition d'un nombre carré en deux autres

(*) Philosophe qui vivait vers le milieu du Ve siècle avant J.-C.

(**) Fin du IIe siècle de notre ère.

(***) Apollonius de Tyane, célèbre thaumaturge : milieu du 1er siècle
de notre ère.

(****) Liebhard, dans une dissertation sur l'angle inscrit dans le demi-
cercle, prétend expliquer le fait en litige en supposant que l'offrande d'un
bœuf ou de cent bœufs doit s'entendre d'autant de pièces de monnaie sur
lesquelles les Athéniens représentaient un bœuf, dont, par suite, elles
prenaient le nom.

nombres carrés, problème dont il a été parlé plus haut.
Nous avons dit que la solution de Pythagore était *très-
particulière;* celle de Platon, qui la complète sous un
certain rapport, l'est également. M. Biot, dans deux ar-
ticles sur les *Gromatici veteres* (Arpenteurs romains),
insérés aux cahiers d'avril et mai 1849 du *Journal des
Savants,* a donné, sur la généralisation de cette solution,
des détails curieux que nous devons recommander aux
lecteurs. L'illustre géomètre a également traité la question, mais avec plus de détails, dans les *Comptes rendus
des séances de l'Académie des Sciences* (7 mai 1849). Il y
rappelle la 32ᵉ proposition du Iᵉʳ livre de Diophante (*),
qui a un but analogue, et la page 426 du remarquable
ouvrage de M. Chasles, intitulé : *Aperçu historique sur
l'origine et le développement des méthodes en géométrie.*
Ce savant mathématicien donne dans son ouvrage, une
règle de *Brahmegupta* (**), qui revient à celle de Diophante, et comprend comme cas particuliers les deux
règles données par Pythagore et Platon. Enfin, M. Poinsot
(même séance de l'Académie des Sciences) a donné, pour
la décomposition d'un carré en deux autres, une méthode
aussi générale que simple.

A cette occasion, je me permettrai d'indiquer aussi une
méthode très-générale, qui, ne distinguant ni les nombres pairs des nombres impairs, ni le plus petit et le plus
grand des deux carrés partiels, a, par conséquent, l'a-
vantage de les traiter symétriquement.

(*) Célèbre mathématicien grec du ivᵉ siècle de notre ère. On a de lui
six livres (sur treize qu'il avait composés) de questions arithmétiques, et
un livre sur les nombres polygones. Ils ont été publiés pour la première
fois par Bachet de Méziriac (Paris, 1621), et depuis, avec de savants commentaires, par l'illustre Fermat (Toulouse, 1670).

(**) Géomètre indien du viᵉ ou viiᵉ siècle de notre ère.

Pour satisfaire à l'équation

$$x^2 + y^2 = z^2,$$

je fais

$$x = k + a, \quad y = k + b, \quad z = k + a + b;$$

la transformation sera toujours possible (*) : car, de ces relations, on tire

$$a = z - y, \quad b = z - x, \quad k = x + y - z,$$

valeurs entières et positives en même temps que x, y, z.

Substituant dans l'équation proposée, on a, toute simplification faite,

$$k^2 = 2\,ab.$$

Il suffit donc, pour avoir toutes les solutions de la question, et, par conséquent, tous les triangles possibles en nombres entiers, de prendre pour k tous les nombres pairs possibles, et de décomposer k^2 de toutes les manières possibles en deux facteurs dont l'un devra être fait égal à $2a$ (ou $2b$), et l'autre à b (ou a). Comme, d'ailleurs, on peut se borner à chercher les triangles *primitifs*, c'est-à-dire les triangles dont les côtés sont représentés par des nombres premiers entre eux (car les autres se ramènent à ceux-là), on aura égard aux seules décompositions dans lesquelles les deux facteurs de k^2 sont premiers entre eux, et par conséquent l'un pair et l'autre impair. Avec cette restriction, l'un des nombres a ou b, et par suite l'un des côtés de l'angle droit, x ou y, est lui-même toujours nécessairement pair et l'autre impair, et par suite, z, ou l'hypoténuse, est toujours impair.

Par exemple, soit

$$k = 2, \quad \text{d'où} \quad k^2 = 4, \quad a = 2, \quad b = 1:$$

(*) Elle est également applicable à l'équation $x^m + y^m = z^m$.

il en résulte

$$x = 4, \quad y = 3, \quad z = 5.$$

Soit encore

$$k = 4, \quad \text{d'où} \quad a = 8, \quad b = 1:$$

il en résulte

$$x = 12, \quad y = 5, \quad z = 13.$$

Et ainsi de suite.

L'hypothèse $k = 6$ donnerait les deux triangles

$$8, \ 15, \ 17 \ \text{et} \ 7, \ 24, \ 25.$$

Etc., etc.

PARIS. — IMPRIMERIE DE BACHELIER,
rue du Jardinet, 12.

www.ingramcontent.com/pod-product-compliance
Lightning Source LLC
Chambersburg PA
CBHW050435210326
41520CB00019B/5942

9 7 8 2 0 1 4 4 8 6 8 5 8